CATALOGUE RAISONNÉ

D'une riche & nombreuse Collection de Coquilles, Polypiers, Insectes, &c. provenant presqu'entièrement des Indes Orientales, & contenant des Objets très rares & même nouveaux.

La Vente s'en fera le Mardi 27 Mars, quatre heures après midi, à l'Hôtel d'Aligre, rue Saint-Honoré.

Ce Catalogue se distribue

A PARIS,

Chez { M. REMY, rue des Grands-Augustins.
Et M. DUFRESNE, au coin des rues Princesse & du Four.

M. DCC. LXXXI.

AVERTISSEMENT.

Un Particulier attaché au ſervice de la Compagnie des Indes en qualité d'Ingénieur, paſſa, après la priſe de Pondichery, au ſervice des Hollandois à l'Iſle de Ceylan, avec la même qualité qu'il avoit dans la Compagnie des Indes Françoiſes. Il reſta aſſez long-temps dans cette Iſle; & comme ſon ſervice lui laiſſoit beaucoup de temps dont il pouvoit diſpoſer, il l'employa à ſe livrer au goût dominant, on pourroit dire juſqu'à la paſſion qu'il avoit pour l'Hiſtoire Naturelle. La fatigue la plus pénible ne lui coûtoit rien. Souvent il lui arrivoit de mettre ſur le dos de ſon Negre ſon lit, (& ſon lit étoit une natte), du pain dans ſa poche, & avec ces proviſions, il reſtoit deux ou trois jours ſans revenir chez lui, paſſoit ce temps à parcourir les bords de la mer, & rentroit enſuite chargé, lui & ſon Negre, de la chaſſe qu'ils avoient faite. Cette chaſſe conſiſtoit en des coquilles, polypiers, & des inſectes; mais la partie qui lui plaiſoit davantage étoit celle des coquilles.

Ses recherches ne furent pas infructueuſes. La vivacité & les ſoins qu'il y mettoit lui firent faire des découvertes dans cette partie de l'Hiſtoire Naturelle, qui cependant avoit déjà occupé long-temps auparavant bien des Hollandois avec le même goût, mais qui vraiſemblablement ne s'étoient pas donné autant de peine, parcequ'ordinairement on s'occupe dans ce pays-là d'autre choſe que de chercher des coquilles.

Enfin, après avoir ramaſſé une nombreuſe & riche collection, le deſir de revoir ſa patrie lui fit quitter l'Inde, & il partit pour la France, rapportant avec lui le fruit de ſes peines & ſe flattant d'en jouir. Il fut trompé dans ſes eſpésances ; il tomba malade en route & mourut. Ses parents eurent soin de retirer ses caisses.

C'est la vente de cette collection que nous annonçons au Public. On sent que c'est moins un cabinet que l'histoire des productions marines des côtes de Ceylan ; puisqu'un cabinet renferme des objets ramassés dans les différentes parties du monde, & qu'ici ce ne sont que les objets d'un même pays ; mais ce pays est si riche & si abondant, qu'il fournit en grande partie tout ce que l'on trouve dans les différentes mers de l'Inde ; on y a même ramassé beaucoup de coquilles & de polypiers inconnus jusqu'à présent, puisque les Auteurs n'en parlent pas, & que nous ne nous rappellons pas de les avoir vus dans les cabinets. Le nombre de ces nouvelles especes est très considérable. Pour se convaincre de cette vérité, il suffira de jetter les yeux sur les n°s 1, 14, 21, 73, 195, 218, 246, 250, 263, 278, 302, & 379.

La plupart de ces especes ont non-seulement le mérite de la nouveauté ; mais elles réunissent encore celui de l'agrément, & de la variété presque infinie par leur dessein & leurs couleurs. Si on veut lire le numéro premier, on sera étonné de la structure admirable de ce tubulaire dans son intérieur.

Il est inutile de faire un plus long éloge de cette collection ; il vaut mieux laisser les curieux en ce genre en juger eux-mêmes à l'exposition que l'on fera des principaux objets la veille de la vente.

Pour la rendre plus intéressante, nous avons jugé à propos d'y joindre quelques objets en coquilles qui viennent d'autres mers que de celles de Ceylan. Mais afin de faire connoître les productions de ce dernier pays, nous avons eu grand soin de mettre à la fin des articles qui ne contiennent que des objets de Ceylan, la lettre C ; & quand ce sont des objets qui viennent d'autres pays, nous annonçons ce pays, si nous le savons, & si nous ne le savons pas; nous ne disons rien.

C'est avec réflexion que l'on n'a point voulu polir & travailler aucune de ces coquilles. On a cru qu'il valoit mieux laisser ce soin aux Acquéreurs, afin qu'ils puissent suivre leur goût, ou de les polir, ou de les laisser dans leur état naturel; car tout le monde ne pense pas de même sur cet article. On s'est donc contenté de mettre seulement une eau de gomme pour faire sortir les couleurs qui n'auroient pas parues sans cela.

On trouvera peut-être que plusieurs numéros sont composés de beaucoup de coquilles; mais ces plaintes ne doivent pas venir des Marchands pour qui cet arrangement ne peut être qu'avantageux: nous avons cherché à contenter tout le monde. Quand les objets sont rares, on a eu l'attention d'en réunir peu ensemble, & quelquefois même de les exposer seuls, quand ils sont très rares.

Enfin, nous avons encore eu soin, autant que nous l'avons pu, d'annoncer les coquilles défectueuses; car notre intention est de ne tromper personne; la bonne foi doit faire la sûreté dans les ventes.

Celle-ci se fera le Mardi 27 Mars, à l'Hôtel d'Aligre, rue Saint-Honoré, où les Amateurs pourront voir, les Dimanche & Lundi, les objets les plus intéressants, & le plus que l'on pourra en exposer, puisqu'il seroit impossible de tout étaler aux yeux du Public.

COLLECTION

COLLECTION de Coquilles, de Polipiers & d'Insectes.

COQUILLES UNIVALVES.

UN tubulaire que nous regardons comme une espece neuve, puisque nous ne la connoissons gravée dans aucun Auteur; nous l'avons nommé, pour le distinguer des autres tubulaires, *tubulaire, massue d'Hercule.* Sa forme ressemble en effet à une massue; sa tête est arrondie & fermée, & depuis la tête jusqu'au bout il va toujours en diminuant. C'est-là qu'est l'ouverture de cette coquille, qui est blanche. Sa structure intérieure est très singuliere : nous avons eu occasion de la connoître, parceque, comme elle est très fragile, plusieurs se sont cassées & nous ont fait voir le dedans. Voici ce que nous avons apperçu : vers le tiers de la coquille, du côté de la tête, on trouve une cloiſon qui environne le pourtour de la coquille : au milieu, eſt une ouverture ovale ; dans cette ouverture, entrent deux petites pieces minces & applaties par un côté, plus ſolides, & courbées par l'autre bout, ces deux petites pieces ſont réunies enſemble, aſſez près de la tête, par une petite charniere ; de ſorte que ſi on preſſe légèrement les deux pieces, qui ſont ouvertes par le côté mince & & applati, le côté plus épais & recourbé s'ouvre. Cette coquille ſinguliere vit enfoncée perpendiculairement dans le ſable Le côté le plus étroit, & où eſt l'ouverture, eſt à la ſuperficie; mais on ne la trouveroit pas, ſi elle ne ſe trahiſſoit pas elle-même, & voici comment. Quand la mer eſt retirée, elle ſe vuide de la trop grande abondance d'eau qu'elle renferme ; cette opération ſe fait avec effort ; elle la lance & forme un petit jet d'eau, c'eſt alors qu'on la découvre ; on fouille avec une pelle,

& on la tire du ſable fin où elle eſt.

S'il nous étoit permis de faire part d'une réflexion que nous avons faite en examinant la ſtructure de cette coquille, dont nous venons de rendre compte, nous dirions que les deux petites pieces qui entrent dans le trou ovale, & en reſſortent à la volonté de l'animal, lui ſervent en même temps d'opercule pour ſe garantir de l'air, lorſque l'eau de la mer s'eſt retirée, & de piſton pour pouſſer avec effort l'eau qu'elle darde lorſqu'elle veut ſe vuider, d'autant plus que les deux côtés plus épais & recourbés, forment, quand ils ſont réunis, une eſpece de bourlet qui reſſemble à un piſton.

Nous aurions deſiré de faire graver cette coquille & ſon intérieure, mais nous n'en avons pas eu le temps.

Nous avons réuni à ce tubulaire entier & bien conſervé un autre tubulaire caſſé par le milieu, pour faire voir l'intérieur & les deux petites pieces qu'il renferme. Il eſt ſolitaire; C.

2 Un autre tubulaire pareil, & un caſſé ; C.

3 La même coquille, & une autre caſſée ; C.

4 Comme dans les articl. ci-deſſus ; C.

5 *Idem* ; C.

6 *Idem* ; C.

7 Un grouppe de tubulaires, renfermé dans une eſpece d'*alcyonium*. Un autre, tiré de ſa retraite, pour être vu à découvert. Un autre grouppe de tubulaires différent des deux précédents ; un morceau de bois, contenant des tuyaux, dont il eſt percé. Une huitre épineuſe de malthe, recouverte par-deſſus d'une multitude de petits tubulaires qui reſſemblent, par leur fineſſe, à de la mouſſe. On a ajouté un gland de mer, que l'on nomme *poux de baleine*.

Bien des gens ont cru que les tubulaires n'avoient point d'opercules, cependant il eſt très conſtant que l'eſpece du premier grouppe de cet article ferme ſon ouverture à volonté. Cet opercule n'eſt pas, à la vérité d'une ſeule piece, comme les limaçons, &c. ; il eſt composé de deux pieces, comme celui des glands de mer eſt compoſé de cinq. Ces deux pieces reſſemblent à une pelle, plate d'un côté, un peu recourbée ſur les bords, l'autre côté eſt mince, arrondi & alongé. Ces deux pieces tiennent à l'animal par le manche de la pelle, & les deux côtés applatis ferment l'ouverture. On a ajouté à ce N°. ces deux petites pelles, collées ſur une carte.

Le grouppe à découvert montre, à l'ouverture d'un des tuyaux, une de ſes petites palettes, tous, excepté ceux de l'huître, de C.

8 Un autre grouppe dans l'*alcyonium*, un a découvert; à l'ouverture des deux tuyaux on apperçoit une petite pelle, *voyez* la carte. Deux autres grouppes d'eſpeces différentes; deux pieces, que l'on croit un opercule; un grouppe de glands de mer; deux buccins alongés; un poux de baleine, tous de C.

9 Les deux grouppes pareils aux deux premiers des N°s. 7 & 8; le ſecond fait voir auſſi une de ſes deux palettes; deux opercules pareils à ceux

du N°. précédent ; huit autres différents ; trois poux de baleine, avec toutes leurs pieces ; deux petits nantils chambrés ; C.

10 Deux grouppes de tubulaires, de ceux qui ſe renferment dans l'*alcyonium*, vus à découvert ; un de ces tubulaires, avec ſa petite pelle renverſée vue par le manche ; un autre grouppe, d'eſpece différente, ſur un morceau de *pintade ;* quatre petits *nantils chambrés ;* quinze *opercules*, dont trois ſont les vrais *nombrils de Venus* ; C.

11 Deux tubulaires de l'eſpece qui ſe loge dans l'*alcyonium*, tous deux avec leur petite pelle ; trois petits *lepas*, de forme conique & chambrés ; cinq *opercules*, dont trois très brillants, rouges, cuivrés, d'une eſpece neuve : ce ſont les trois ſeuls de la Collection ; C.

12 Un tubulaire, nommé l'*arroſoir ;* on y a joint un petit buccin alongé qui eſt le commencement du *fuſeau* à dents de la rare eſpece ; C.

13 Deux *arroſoirs*, avec deux têtes détachées de deux autres coquilles de la même eſpece ; C.

Il paroît que cette espece est rare dans le pays même où on la trouve, puisqu'on en a apporté si peu & si mal conservé. On ne sait pas encore bien positivement si cette coquille vit en famille ou est solitaire, si elle est renfermée dans le sable, dans un corps étranger, ou en pleine eau.

14 Deux *lepas* blancs à tête recourbée, avec trois fortes stries sur le dos; deux autres, qui sont aussi blancs, alongés en forme de nacelle. Ces deux especes nous sont inconnues dans les Auteurs; une tête d'*arrosoir* & un *poux de baleine*, tous de C.

15 Les deux premiers *lepas* de l'article précédent; un des seconds; deux autres lepas d'especes différentes; une tête d'arrosoir, & un poux de baleine; C.

16 Un lepas, pareil aux premiers, du N°. 14; deux autres pareils au second, du même numéro; sept autres *lepas* d'especes différentes; une tête d'*arrosoir* & un *poux de baleine*; C.

17 Deux petits *lepas* blancs, & côtes sur le dos, de l'espece rare; un

grand *lepas en bateau*; un autre grand étoilé; dix autres d'eſpeces différentes; trois *oreilles de mer* de l'eſpece commune, mais riches en couleur; une quatrieme alongée, nommée *oreille de la Chine*: en tout dix huit coquilles; C.

18 Un limaçon terreſtre peu commun, il vient d'Eſpagne; ſa couleur eſt jaunâtre; ſa robe eſt guillochée; ſa clavicule eſt applatie, & ſes bords ſont tranchants. Il eſt gravé dans Gualtieri, Liſter, &c.

19 Un très beau limaçon terreſtre, d'un aſſez gros volume; ſa robe eſt de couleur marron, tranchée par-deſſous d'un cordon blanc; ſa bouche ovale eſt couleur de roſe. Ce limaçon eſt rare & bien conſervé; C.

20 Le même limaçon, d'un plus gros volume, auſſi riche en couleur; C.

21 Le même limaçon; il eſt un peu défectueux en deſſous du côté de la bouche. On y a joint un limaçon inconnu juſqu'à préſent; il eſt de mer, aſſez épais, une petite dent proche la columelle. Sa couleur varie; celui-ci tire ſur le violet, avec

des points noirs : il porte ſur ſa volute de petites ſtries granuleuſes, mais ſur le milieu de cette volute s'élevent trois fortes ſtries par le bas, deux ſeulement vers le haut ; cette eſpece eſt neuve ; C.

22 Le même limaçon terreſtre que celui du N°. précédent ; celui-ci a une variété très agréable, outre le cordon blanc de deſſous, il en a encore un en-deſſus qui regne juſqu'en haut de la clavicule ; celui de deſſous eſt coupé de blanc & de brun, & forme un joli ruban : il eſt auſſi un peu défectueux par-deſſous. On y a joint un murex, à bouche garnie de dents de couleur violette ; on le nomme *gueule de lion.*

23 Le même limaçon terreſtre. Celui-ci eſt très bien conſervé, & ſa robe eſt très différente ; elle eſt fond blanc, avec trois zones ou rubans chamois ſur la premiere ſpire, deux ſur les autres ; ſa tête & ſa bouche de couleur de roſe. Cette variété eſt fort rare ; C.

24 Un autre limaçon terreſtre d'eſpece différente. Celui-ci eſt beau-

coup plus gros ; sa couleur eſt d'un brun clair qui s'éteint vers la clavicule qui eſt couleur de roſe ; la bouche eſt d'un noir brillant. Cette coquille eſt auſſi peu commune ; C.

25 Un limaçon marin d'une belle couleur pourpre ; ſa bouche, ſon umbilic , enfin ſa forme entiere , doit le faire mettre parmi les *dauphins* qui n'ont point de pointes alongées & fortes. Cette coquille a le double avantage d'être belle & rare ; C.

26 Le même limaçon que celui du numéro précédent , & celui violet à trois ſtries, ou cordons , que nous avons décrit ci-deſſus , N°. 21 ; C.

Nous le nommerons dorénavant *limaçon violet* (parceque c'eſt ſa couleur la plus ordinaire) *à trois cordons*.

27 Les deux mêmes limaçons que ceux du N°. précédent; mais le *dauphin* a les prolongations ordinaires à la coquille de ce nom. Ces deux coquilles ſont parfaites dans leur eſpece ; le dauphin eſt rouge ; C.

28 Deux autres petits *dauphins* couleur de roſe, & deux limaçons violets à trois cordons ; C.

29 Le même limaçon que celui du N°. 25, plus gros, moins bien conservé. Le limaçon violet *à trois cordons*; un autre terrestre avec une zone noire sur le bord; deux autres très fragiles, d'une belle couleur bleue par-dessous, plus claire par-dessus. Ils sont d'un gros volume pour l'espece; C.

30 Deux limaçons *violets à trois cordons*, & les deux bleus & fragiles du N°. précédent; ils sont aussi d'un gros volume; C.

31 Les quatre coquilles du N°. précédent, & deux autres limaçons terrestres à bande noire sur le bord; C.

32 Les mêmes coquilles que celles du N°. précédent, mais il n'y a qu'un limaçon terrestre à bande noire; C.

33 Trois limaçons d'un beau choix & d'un gros volume pour leur espece. Le limaçon *violet à trois cordons*, deux terrestres à bande noire; C.

34 Huit *nerites*, une fluviatile d'un gros volume pour son espece, noire, a pointes très alongées; deux autres, la clavicule alongée, épineuse, en

forme de thiare ; cinq autres d'une jolie robe.

35 Les trois premieres nérites du N°. précédent, & neuf autres pareilles aux cinq dernieres.

36 Huit nérites pareilles à celles du N°. 34.

37 Cinq nérites de mer, d'un beau choix, & deux buccins qui portent trois bandes blanches ſur un fond brun ; on les nomme la *rampe d'eſcalier*, ou le *Perron*. Ils ſont peu communs ; C.

38. Six nérites d'un joli choix & deux boutons de la Chine, ou de Camiſole ; C.

39. Quatorze autres nérites d'eſpeces différentes ; C.

40. Vingt autres ; C.

41. Trente-neuf autres.

42. Quatre limaçons à bouche demi-ronde, un *Tetton de Vénus* blanc, un autre brun applati peu commun, deux autres de la forme du *Tetton de Vénus* bruns, avec une large faſcie blanche qui tranche ; C.

43. Les deux dernieres du N°. précé-

dent, deux autres d'un beau choix, l'un fond blanc avec des lignes jaunes ondoyantes, l'autre fond brun clair & sur sa volute quatre petites zones blanches avec des points bruns, une oreille sans trous d'un gros volume : en tout cinq coquilles ; C.

44 Cinq autres ; un tetton de Vénus blanc, deux gros limaçons pour leur espece, on les nomme *Testicules*, & deux grandes oreilles sans trous ; C.

45. Cinq autres limaçons, deux *cordons bleus*, l'un dépouillé, l'autre avec son épiderme, une belle bouche d'argent, un sabot d'Amérique & celui nommé *Testicules*.

46. Sept autres, deux cordons bleus, deux bouches d'argent, deux oreilles sans trous & le dernier du N.° précédent ; C.

47 Onze autres limaçons d'especes différentes ; C.

48. Dix autres d'un joli choix, entre eux est un *Mamelon de Vénus* d'une nouvelle espece ; il est blanc, moins épais que celui qui est connu, & tout couvert de stries fines ; C.

49. Onze autres d'especes différentes ; C.

50 Dix autres limaçons d'un beau choix, d'especes différentes, & deux petits buccins fond blanc piquetés de noir; C.

51 Neuf autres; quatre *Mammelons fasciés*, quatre limaçons terrestes, de deux especes, & un neuvieme de mer très beau, fond blanc avec des lignes jaunes ondoyantes; C.

52 Deux limaçons terrestres. deux autres nommés *cordons bleus*, deux bouches d'argent, deux muscades & deux belles Figues: en tout dix coquilles; C.

53. Vingt huit Coquilles de moyenne taille, presque toutes Nerites, &c.

54. Un *Sabot* verd en dessus, strié en dessus du haut en bas, & en dessous circulairement, l'ombilic très renfoncé. Cette espece n'est pas commune; C.

54 *bis*. Le même *Sabot* d'un très gros volume.

55 Un autre limaçon en forme de Sabot, très mince, fort évasé par le bas, ombiliqué jusqu'au haut de la clavicule, comme les cadrans, unis en dessous, en dessus avec des stries

extrêmement fines. Sa bouche ressemble un peu à celle de la *Fripiere ;* mais il ne faut pas confondre ces deux especes ; elles sont très différentes, & celle-ci est rare. Sa couleur est grisâtre ; c'est cette même Coquille qui a été exposée à la vente de M. le Marquis de Gouffier cet hiver, & qui est décrite dans le Catalogue, N°. 1116. Les deux que nous exposons sont beaucoup mieux conservées ; C.

56 La même Coquille C.

57 Une *Fripiere.* Cette Coquille approche beaucoup de celle d'Amérique à qui on donne le même nom ; cependant il y a des différences très marquées. Celle d'Amérique est plus évasée ; elle est unie en dessous, celle-ci est chagrinée ; deux *Cadrans* & un *Sabot* rayonné de jaune & de rouge ; C.

58 Une *fripiere* & douze sabots bien colorés. Un d'eux porte un petit madrepore ; C.

59 Une petite *Fripiere*, quinze sabots & sept buccins de trois especes différentes : en tout vingt-trois coquilles ; C.

60 Une *fripiere*, deux *cadrans*, dix *ſabots*, un limaçon marin grivelé & deux *nerites* blanches ſtriées, & la bouche garnie de dents des deux côtés; C.

61 Un joli petit limaçon tacheté de rouge régulièrement, trois autres petits peu connus, deux ſabots, un buccin nommé l'*Aveline*, un autre allongé & un peu courbé que l'on appelle le *Petit doigt*; un autre Buccin peu commun nommé le *Perron*, & deux porcelaines nommées *Petits Argus noirs*: en tout onze Coquilles. Toutes, excepté le petit doigt & les deux Sabots de C.

62 Treize Limaçons de huit eſpeces différentes; C.

63 Quatorze autres auſſi de huit eſpeces différentes.

64. Treize autres d'un joli choix de ſept eſpeces différentes.

65. Vingt-trois Coquilles preſque toutes Buccins, de différentes eſpeces.

66. Deux jolis buccins, à queue prolongée, la tête ſurmontée d'une vis tronquée, ils ſont peu communs; & deux *cadrans* d'une belle couleur; C.

67 Le même buccin que les deux du N°. précédent ; deux beaux *cadrans* & deux ſabots peu communs, bien conſervés ; C.

68 Les deux mêmes Buccins que ceux du N°. *66* ; deux autres, les ſpires en ſaillie fond blanc moucheté de brun ; une troiſieme eſpece de buccin qui reſſemble beaucoup au précédent pour la couleur, mais dont la forme eſt différente parcequ'il eſt plus prolongé, & que dans l'ombilic il a de petites exubérences qui ne ſont pas dans les deux autres. Cette derniere eſt plus rare ; C.

69 Un buccin ſemblable aux deux premiers du N° précédent ; deux autres ſemblables à la ſeconde eſpece, & un quatrieme pareil au dernier du même N°. C.

70 Cinq autres buccins pareils très bien conſervés ; C.

71. Trente-deux limaçons d'eſpeces différentes.

72 Trente ſix autres coquilles, buccins & limaçons.

73 Trois *bulles*, dont une n'eſt gravée dans aucun auteur, & eſt d'autant plus rare qu'elle eſt exceſſivement

fragile, & par conséquent difficile à transporter. Elle mériteroit plutôt le nom d'*oublie* que celle que l'on connoît déjà sous ce nom. Afin d'éviter l'équivoque, on pourroit nommer celle-ci la *Gaufre*. Elle est jaune, très mince; sa tête n'a nulle saillie, au contraire elle est tronquée; dans la derniere volute, elle est détachée de la clavicule de sorte qu'on croiroit la coquille cassée; cependant elle ne l'est pas, 1°. parceque les trois que l'on a sont exactement de même, & il seroit singulier qu'elles fussent également & régulièrement cassées. 2°. Si on examine avec attention, on n'appercevra aucune fracture le long de la tête. La seconde est la bulle grise avec une bande blanche en haut, une en bas & une au milieu, toutes trois bordées d'une ligne noire. La troisieme a deux fascies couleur de rose & trois blanches terminées par des lignes noires; C.

74 Les trois mêmes bulles. C.

75 Idem. C.

76 Deux bulles grises avec les trois

faſcies blanches, deux autres blanches tranſparentes, deux petits mamelons blancs ſtriés, de l'eſpece rare dont on a déjà parlé ci-deſſus, & deux buccins faſciés de blanc & tout piquetés de points noirs; C.

77 Une bulle d'eau pareille aux deux premieres du N° précédent, une autre couverte de petites lignes noires ſur un fond blanc; deux autres à bandes couleur de roſe, & trois autres eſpeces blanches dont une allongée, ſerrée & ſtriée. Celle-ci eſt peu commune.

78 Cinq *bu les*, dont deux à bandes couleur de roſe; deux mamelons blancs & ſtriés rares, & deux buccins; C.

79 Six *bulles* de trois eſpeces différentes, deux mamelons blancs ſtriés & deux limaçons bleus & minces; C.

80 Huit autres *bulles* de cinq eſpeces différentes dont celle à deux bandes couleur de roſe & un mamelon blanc ſtrié; C.

81 Quinze jolies coquilles petites, *bulles*, *buccins*, limaçons; C.

82 Dix coquilles bien conſervées,

ſavoir, huit limaçons de cinq eſpeces différentes, parmi leſquels eſt un *teton de Vénus*, blanc, deux *muſcades*; C.

83 Deux *muſcades* d'un gros volume, quatre *harpes* & ſept *caſques*, entre autres celui qu'on nomme *pavé*, & le *caſque bezoard*; C.

84 Quatre *harpes*, deux gros limaçons, deux petits *caſques*, deux *muſcades* & une *grimace* : en tout onze coquilles; C.

85 Deux beaux *caſques bezoards* bien conſervés, un petit *caſque pavé*, une groſſe *figue* & quatre muſcades d'un gros volume & de différentes couleurs.

86 Cinq belles coquilles d'un gros volume, deux *figues*, deux *muſcades* de différentes couleurs & un buccin à têre & à queue prolongées, C.

87 Deux jolis buccins bien conſervés, piquetés de brun & à tête en *vis*. On y a joint deux autres petits buccins de même eſpece; mais de la groſſeur qu'ils ont en ſortant de leur *ovaire*. La *vis* qui forme la tête fait au moins la moitié de la coquille. Quatre au-

tres buccins en forme de limaçon de deux eſpeces différentes & un *cadran* ; C.

88 Deux *harpes* d'un très gros volume, quatre limaçons de trois eſpeces différentes, ſavoir deux *teſticules*, une bouche d'argent, & un de l'eſpece nommé *Cordon bleu*, riche en couleur ; C.

89 Deux jolies *harpes*, une *muſique*, une *figue*, deux buccins jaunâtres, deux pourpres & un buccin peu commun, les trois dernieres coquilles ſont de la Méditerranée, & les autres de C.

90 Deux *cadrans* de deux eſpeces en pendant & riches en couleur, un radix épais & un buccin tranchant ſur ſa volute ; C.

91 Deux jolies petites *tonnes* mouchetées de jaune & cannelées, un *caſque pavé* & une *conque Perſique* de l'eſpece rare, riche en couleur.

92 Une autre *conque Perſique* de l'eſpece pareille à celle du N°. précédent, & cinq caſques dont deux *pavés* C.

93 Un *caſque pavé*, riche en couleur,

un buccin du genre des *conques*, & une conque Persique ; C.

94 Quatre jolis petits *casques pavés* ; quatre *conques* de deux especes, & un petit buccin en forme de *vis*, par ses côtes saillantes, espece rare ; C.

95 Deux belles coquilles, une *conque persique* de l'espece rare, & un cadran ; C.

96 Deux autres *conques persiques* de l'espece rare ; l'une à tubercule, & l'autre presque unie ; C.

97 Deux *tonnes*, toutes deux cannelées ; mais d'especes différentes, & deux *figues* d'un beau volume & riches de couleur ; C.

97 Un gros *radix* épais, une *poupre* ; deux ailées & une *figue cannelée*, espece moins commune que l'autre, toutes riches en couleur ; C.

99 Deux figues de l'espece rare comme la précédente, & trois buccins de deux especes différentes, bien conservés ; C.

100 Deux casques, le *bezoard* & le *pavé* ; deux *tonnes* cannelées d'especes différentes, & deux *figues* ; C.

101 Trente-trois coquilles, buccins & limaçons ; C.

102 Vingt-cinq autres, d'eſpeces différentes ; C.

103 Vingt-quatre autres.

104 Sept autres.

105 Un *radix* épais, un buccin nommé *l'aigrette*, d'une belle couleur & bien conſervée ; la contre-partie du buccin, *bouche à gauche*, nommé *l'unique*, & une pourpre rubannée.

106 Six coquilles, deux buccins mamelonnés de couleur différente, trois autres, de deux eſpeces différentes, du genre des *tours de babel*, & un noir en forme de *vis* ſur le bout duquel eſt attaché un côté de *gryphite* ; C.

107 Six jolis buccins peu communs, bien conſervés ; C.

108 Dix autres, cinq buccins mamelonnés, dont trois de la même eſpece, mais de couleur différente ; deux autres jaunes avec une bande blanche, & trois *fuſeaux* de deux eſpeces différentes ; C.

109 Huit autres buccins d'eſpeces différentes, dont quatre fuſeaux différents ; C.

110 Douze autres buccins d'especes différentes ; C.

111 Huit autres, dont un *Radix épais* ; C.

112 Un buccin nommé *l'Oreille de Midas* ; cette coquille est d'un beau volume & si bien conservée qu'elle porte encore son épiderme. Tout le monde sait que cette coquille est est peu commune.

113 Une autre coquille beaucoup plus rare que celle du N° précédent ; on la nomme le *Pavillon d'Orange* ; C.

114 Trente-quatre coquilles, buccins & sabots ; C.

115 Vingt une autres d'especes différentes ; C.

116 Treize autres, un *radix* épais, une *fripiere*, &c. C.

117 Deux grands buccins nommés *Dragons* en pendant, l'un à bouche mince, l'autre à bouche épaisse ; deux autres peu communs à queue prolongée & tête applatie. Un cinquieme fond blanc, piqueté de brun, la tête en forme de *vis* tronquée ; C.

118 Une jolie *Aigrette*, une *pourpre* blanche, un buccin à côtes, des Isles Malouines,

Malouines, une espece d'*Eperon.*

119 Un buccin nommé le *crapeau*, d'un grand volume; un autre à-peu-près de même forme, mais d'espece différente; & deux petites *pourpres* blanches, dont l'espece est peu commune; C.

120 Les deux premiers buccins du N° précédent; une petite *poupre* semblable aussi aux deux ci-dessus, & une autre *pourpre* lourde, blanche, avec une zone brune, la bouche couleur de rose, espece peu commune; C.

121 Les deux premiers buccins du N°. 119 bien conservés, & un gland de mer recouvert d'une matiere de corail rouge. Cet accident qui n'est pas unique, puisque le même fait est cité dans le Catalogue de la vente de M. Gallois, au sujet d'une huitre épineuse couverte en partie de la même matiere, prouve contre ceux qui prétendent qu'on ne trouve point de corail rouge dans les mers des Indes; C.

122 Deux buccins nommés le *Crapeau*; deux jolies petites *conques persiques* & quatre autres buccins; C.

123 Une *becaſſe épineuſe* de l'eſpece rare, deux autres de l'eſpece commune, & deux petits buccins à queue prolongée & tête applatie ; C

124 Deux têtes de becaſſe bien colorées, une autre d'une eſpece différente, la tête applatie, avec un bouton en forme de vis, & trois *becaſſes* épineuſes ; C.

125 Deux autres têtes de becaſſe ; deux autres à tête applatie avec le bouton ; deux épineuſes & deux pourpres de couleur fauve ; C.

126 Une chicorée brûlée, trois autres *pourpres* de deux eſpeces différentes, un petit buccin du genre des conques & une petite pourpre blanche tirant ſur le jaune : cette eſpece eſt peu commune ; C.

127 Deux autres chicorées brûlées & deux petites pourpres blanches pareilles à celles du N°. précédent ; C.

128 Idem. C.

129 Onze buccins de pluſieurs eſpepeces différentes.

130 Huit autres.

131 Douze autres parmi leſquels une petite *conque perſique* ; trois diffé-

rentes especes de fuseaux, &c. C.

132 Seize autres petits buccins d'especes différentes & d'un joli choix; C.

133 Quatre grosses coquilles pour leurs especes; une *pourpre* blanche à bouche rouge; deux *figues* & un gros buccin blanc fort pesant; C.

134 Deux buccins jaunâtres, deux têtes de *becasse*, dont une a la queue recourbée par quelque accident arrivé à la coquille, deux autres à queue prolongée, la tête tranchantée par le bord & surmontée d'un bouton, & deux becasses épineuses; C.

135 Quatorze coquilles *pourpres* de différentes especes; C.

136 Vingt-trois coquilles d'especes différentes; C.

137 Six belles coquilles *pourpres* de différentes especes; C.

138 Dix autres; C.

139 Neuf coquilles parmi lesquelles sont une *chicorée brûlée*; quatre autres *pourpres*, deux blanches & deux brunes, & quatre autres; C.

140 Onze autres.

141 Sept pourpres de trois especes différentes, parmi lesquelles deux

pourpres blanches à bouches rouges, bien conſervées. Cette eſpece, au lieu de feuilles, eſt garnie ſur ſes bords d'épines recourbées ; C.

142 Deux belles ailées dont une a les bords noirs plombés ; ſix autres de trois eſpeces différentes, dont la robe eſt ſuperbe pour le deſſein & la couleur ; C.

143 Huit autres, pareilles à celles du n°. précédent & auſſi belles. On en a ajouté une neuvieme qui porte des bandes couleur de citron ſur un fond blanc de lait ;

144 Dix autres ailées très belles ; C.

145 *Idem.* d'eſpeces différentes ; C.

146 *Idem.* C.

147 *Idem.* C.

148 *Idem.* C.

149 *Idem.* différentes, & d'un très beau choix ; C.

150 Sept ailées d'un très beau choix, & à bouches différentes : l'une à bouche noire ; la ſeconde, violette ; la troiſieme, rouge ; la quatrieme, couleur de chair ; la cinquieme, jaune, & les deux dernieres, noire, bordée de jaune ; C.

151 Quatorze autres, d'eſpeces différentes ; C.

152 Douze autres ; C.

153 Un *téleſcope* d'un très beau volume ; C.

154 Un autre *téleſcope* plus petit, mais bien conſervé, & une autre coquille nommée la *cuiller à pot* ; C.

155 Un autre *téleſcope* ; une grande *cuiller à pot*, & une autre plus petite avant que ſa bouche ſoit entièrement finie ; C.

156 Une *cuiller à pot*, quatre *vis* de trois eſpeces différentes, & quatre chenilles ; C.

157 Sept *vis*, d'eſpeces différentes, bien conſervées ; C.

158 Une *cuiller à pot*, avec ſa bouche ; une autre qui n'eſt pas encore parvenue à ſa derniere crue, & quatre buccins en forme de vis ; C.

159 Une *vis* blanche que l'on croit fluviatile & qui eſt très rare ; on y a ajouté deux jolies *vis de preſſoir* ; C.

160 Cinq autres *vis* de trois eſpeces différentes bien conſervées ; C.

161 Huit autres, de quatre eſpeces différentes ; C.

162 T[illegible]
[illegible]treize autres, d'especes différentes & bien conservées; C.

163 Onze autres.

164 Seize coquilles, différentes *vis* & buccins.

165 Quarante-sept *vis*, de moyenne taille & d'especes différentes.

166 Deux *tarieres*, l'une piquetée & l'autre marbrée, toutes deux d'une bonne couleur, 2 olives d'une espece que nous ne connoissons pas; elles sont d'un beau blanc de lait, & à la pointe elles portent une tache d'un jaune foncé; deux autres jolies olives : en tout, six coquilles; C.

167 Quatre autres belles tarieres, deux piquetées, deux marbrées, en pendants, & riches en couleur; C.

168 Quatre autres un peu plus petites, mais aussi belles en couleur. On y a joint une olive blanche & rare, décrite au n°. 166; C.

169 Cinq autres, & la petite olive blanche du n°. 166, rares; C.

170 Quatre autres; deux *olives* blanches, rares; & six autres de deux especes différentes & peu communes; C.

171 Cinq autres *tarieres*; trois petites *olives* blanches, & six *olives* de deux especes différentes; C.

172 Deux *olives* que l'on nomme *porphires*, & onze autres *olives* de plusieurs especes différentes; C.

173 Une autre *olive porphire*; six autres d'especes différentes, deux *fausses petites viroles* : en tout neuf coquilles; C.

174 Quatorze autres *olives* d'especes différentes; C.

175 Huit *porcelaines*, savoir une espece de *petite navette*, un *argus aux yeux blancs* d'un gros volume pour son espece; deux petits *argus* aux yeux noirs, la *bossue*, & trois autres; C.

176 Une navette pareille à celle du N°. précédent, deux *argus aux yeux blancs*, deux *petits argus aux yeux noirs*, la *bossue*, & deux autres; C.

177 Douze autres *porcelaines* d'especes différentes; C.

178 Le *grand argus* d'un très bel émail & bien coloré. On y a joint la *véritable arlequine*; C.

179 Deux *arlequines* & cinq autres belles porcelaines ; C.

180 Sept *porcelaines*, l'*œuf*, le *crapeau*, la *neigeuſe*, d'un très gros volume, & quatre autres de trois eſpeces différentes ; C.

181 Sept autres d'un gros volume, de quatre eſpeces différentes ; C.

182 Deux *porcelaines* d'un gros volume, avec de belles taches noires ſur un fond pourpre de C. & deux très gros ſabots de la Martinique & de St Domingue.

183 Vingt autres, dont deux peu communes ; C.

184 Vingt-neuf autres coquilles ; C.

185 Vingt-ſix autres ; C.

186 Cinquante ſix autres de moyenne taille, la *boſſue*, &c.

187 Trente autres, la *neigeuſe*, petits argus, &c.

188 Trente autres d'un plus gros volume ; C.

189 Cinq coquilles de choix, deux buccins fond blanc rayé de jaune par de grandes taches ondoyantes, une *cuiller à pot* & deux oreilles ſans trou, d'eſpeces différentes ; C.

190 Un cornet nommé *Esplandium*, & un autre cornet en pendant d'une belle couleur & d'un assez gros volume pour son espece ; C.

On ne sait pourquoi en France on a donné au premier de ces deux cornets le nom d'*Esplandium* ou *Splandium* : les Hollandois le nomment *Toile* d'araignée, & ce nom a beaucoup de rapport avec le dessein de sa robe qui ressemble en effet très fort à une *toile d'araignée* ; C.

191 Trois cornets, le *vice-amiral* de Rumphius & deux petits *draps d'or à reseau*, espece peu commune.

192 Un drap d'or de la Chine bien conservé, & un cornet fond blanc avec un reseau jaune, la clavicule élevée & sillonnée. Cette derniere coquille vient de Ceylan. On trouvera dans les numéros suivants des cornets de couleur brune, avec la même clavicule que celui-ci. Il paroît que ce n'est qu'une belle variété de la même coquille, & il ne faut pas dire que cette coquille n'est jaune que parceque sa couleur brune s'éteint, puisqu'on trouvera ci-

après la même coquille ſous ces deux couleurs, & que la jaune eſt dans toute ſa fraîcheur. Juſqu'alors la couleur brune étoit rare.

193 Deux cornets en pendant, tous deux bien conſervés, l'un brun & l'autre jaune, variété de la même eſpece dont nous venons de parler dans l'article précédent ; C.

194 Les deux mêmes coquilles bien conſervées ; C.

195 Un cornet brun & un joli rouleau que nous ne connoiſſons gravé dans aucun Auteur ; ſa clavicule eſt plate & ne s'éleve que vers le milieu par un petit bouton ; il eſt tout couvert de petites cannelures très fines, & marqué de petites taches brunes, le fond blanc légèrement lavé de couleur de roſe ; C.

196 Les deux mêmes coquilles; C.

197 Idem. C.

198 Idem. C.

199 Un *drap d'or de la Chine*, & un buccin nommé la *Thiarre*, d'une riche couleur.

200 Uue *minime* de l'eſpece rare, bleuâtre & piquetée de brun; ſa tête

est superbe, & une autre minime commune.

201 Un *drap d'or* & un cornet brun, avec deux fascies de même couleur.

202 Deux autres cornets, l'un brun, l'autre jaune; C.

203 Un *drap d'or* à fascies, & deux autres cornets.

204 Un *drap d'or* fascié, le cierge ou l'onix, & un taffetas.

205 Un drap d'or piqueté, de la Chine; & un très beau *drap brun*, avec deux fascies de même couleur.

206 Quatre coquilles, une *chiure de mouche*, les nuées & deux *draps d'or* à reseau.

207 Quatre autres cornets; C.

208 Quatre autres; C.

209 Cinq autres; deux *cierges* ou *onix*, l'un blanc & l'autre jaunâtre; une *minime*, une *brunette* & un *damier*.

210 Neuf autres cornets, le damier, trois *écorchées*, une *minime*, &c.

211 Vingt-une coquilles.

212 Trois autres d'un beau choix.

213 Quinze autres.

214 Trois autres, un cornet brun d'un très gros volume pour son es-

pece; une *écorchée* & une *minime*.

215 Vingt-huit autres ; C.

216 Vingt-une coquilles parmi lesquelles sont un petit *nautil papiracé*, une conque nommée le *Prépuce*, un rocher blanc, &c.

217 Deux petits *nautils papiracés*, plusieurs buccins fluviatils, &c. en tout vingt-deux coquilles.

COQUILLES BIVALVES.

218 Une moule nommée la *Lanterne*. Tout le monde connoît combien cette coquille est fragile, & par conséquent la difficulté de l'avoir bien conservée : celle-ci l'est, & les deux valves tiennent à la charniere ; une coquille du genre des baillantes ; mais d'une espece différente de la précédente. Elle est blanche, très fragile, striée dessus & dessous, & un caractere bien singulier qu'elle a, qui n'est pas cependant sans exemple, comme dans la moule nommée l'*Oiseau* & quelques autres, c'est que les deux valves ne sont point égales

Cette coquille eſt très rare, & nous ne nous rappellons pas de l'avoir vue gravée ; C.

219 Les deux mêmes coquilles bien conſervées ; C.

220 Deux lanternes plus petites & la ſeconde coquille baillante décrite au N° 218.

221 Les trois mêmes coquilles ; C.

222 Une petite lanterne & trois autres coquilles baillantes, de trois eſpeces différentes ; C.

223 Une lanterne dont la conſervation n'eſt pas parfaite ; deux autres baillantes blanches & ſtriées ; deux autres encore différentes, trois *manches de couteau*, une petite *rape*, trois petites cames : en tout douze coquilles.

224 Cinq coquilles baillantes, de quatre eſpeces différentes, deux *tellines* rouges dont un des côtés eſt prolongé, & que quelques-uns nomment la *pince du Chirurgien* ; deux autres cames.

225 Six tellines baillantes, ſavoir le *ſoleil levant* bleu & blanc, deux violettes à rayons, deux tirant ſur le

rouge & quatre autres petites tellines ; C.

226 Deux *ſoleils levants* bleus & blancs, quatre manches de couteau, ſix moules & deux petites tellines blanches à tête jaune ; C.

227 Un *manche de couteau* marbré, en forme de ſabre ; cette eſpece eſt rare. Celui-ci eſt ſingulier en ce que ſes deux valves ne ſont pas de même longueur ſans cependant que la plus courte paroiſſe caſſée, & toutes deux tiennent à leur charniere ; deux autres petits manches de couteau, deux moules violettes rayonnées, très belles en couleur, deux *ſoleils levants* bleus & blancs ; C.

228 Neuf coquilles différentes, dont la *rape* & la lime.

229 Neuf autres ; C.

230 Vingt-cinq autres.

231 Douzecoquilles différentes, dont deux d'ails, &c.

232 Une moule jaune d'une eſpece rare, que l'on nomme *Langue de ſerpent* ; une autre moule violette & quatre petites moules nommées *Soleils levants* blancs & rouges.

233 Deux grandes & belles moules, l'une fond blanc rayonnée de rouge, l'autre preſque toute blanche ; on les nomme *Soleils levants.*

234 Deux autres pareilles.

235 Deux pareilles.

236 Deux autres pareilles.

237 Trois belles tellines de deux eſpeces différentes, d'un grand volume pour leurs eſpeces & d'une riche couleur. Elles ſont ſtriées, fond chamois mouchées de noir, avec de grands rayons bruns foncés ; C.

138 Deux autres d'un volume auſſi grand que les précédentes, & des deux mêmes eſpeces différentes ; & une troiſieme, différente des deux autres, fond gris, avec des zig-zags noirs ; C.

239 Cinq autres d'un volume moins conſidérable ; mais auſſi belles en couleur, & des trois eſpeces de celles du Nº précédent ; C.

240 Quatre autres belles en couleur, de deux eſpeces différentes ; C.

241 Cinq autres *tellines*, de trois eſpeces différentes & d'un très beau choix ; C.

242 Six autres de deux eſpeces différentes ; C.

243 Treize *tellines* & *cames*, d'eſpeces différentes ; C.

244 Six autres ; C.

245 Deux *tellines*, une d'un grand volume, & l'autre plus petite, toutes deux repréſentant le deſſein qui leur a fait donner le nom d'écriture Chinoiſe.

246 Une *telline* d'une eſpece abſolument neuve & très rare, puiſque dans cette collection conſidérable, nous n'en avons trouvé que trois. Sa forme eſt triangulaire ; elle porte de fortes ſtries qui partent d'un des côtés à l'autre ; ſa couleur eſt blancſale, & elle eſt piquetée de taches brunes, comme des chiures de mouches; ces taches tiennent à l'épiderme. J'oubliois de dire que les deux côtés de cette coquille ſont applatis & portent deux ou trois rayures brunes; C.

247 La même *telline triangulaire*, plus grande ; C.

248 La même *telline triangulaire*, petite ; on y a joint deux autres *tellines* qui ſont de même grandeur entre

elles, mais de couleurs différentes; l'une est striée & blanc de lait, l'autre a les mêmes stries & le même fond de couleur, mais elle est couverte de petites taches de lilas. Ces deux dernieres coquilles ont absolument la même forme que les tellines dont le dessein de la robe représente des zig-zags ou *points d'Hongrie*, de couleur brune ou violette; cependant celles-ci ont un caractere particulier; les stries partent du côté étroit, & vont en s'éteignant du côté le plus allongé, de maniere que ce dernier côté est uni: cette espece est rare; C.

249 Deux autres tellines très agréables, une de l'espece fond blanc, du N°. ci-dessus, recouverte d'un joli dessein violet tendre; la seconde est d'une espece différente, mais aussi rare; elle n'a point de stries, elle est fond blanc recouvert d'un dessein violet en forme de frange; C.

250 Deux autres; l'une toute blanche, l'autre pourpre. Cette derniere conserve ses stries d'un bord à l'autre. Elle est la seule de cette couleur dans cette collection; C.

251 Les deux mêmes coquilles que celles du N° 249. C.

252 Deux tellines blanches ſtriées, & une petite unie, avec deux larges rayons violets en forme de frange; C.

253 Une telline fond blanc, avec un deſſein piqueté violet; une autre preſque unie, avec des caracteres violets qui reſſemblent à des chiffres. On lit très aiſément ſur un des côtés 711 : on pourroit la nommer l'*Arithmétique*; C.

254 Les deux mêmes du N° précédent; C.

255 Quatre *tellines*; deux pareilles à celles du N° précédent, & deux autres unies; la premiere toute violette, & la ſeconde fond blanc avec des franges violettes; C.

256 Trois tellines d'un grand volume pour leurs eſpeces; la premiere fond blanc avec un deſſein en points d'Hongrie; la ſeconde, piquetée de petites taches violettes, très près les unes des autres, & la troiſieme unie, fond blanc, avec des franges violettes; C.

257 Trois autres; la premiere, à larges

points d'Hongrie, bien détachés sur un fond blanc, la seconde unie, à frange violette, & la troisieme unie, chargée d'un joli dessein, formée de lignes violettes ondoyantes; C.

258 Six autres; trois *en points d'Hongrie* violets, & trois autres unies avec différents desseins; C.

259 Quatre autres de deux especes différentes; C.

260 Quatre autres pareilles à celles du n°. précédent; C.

261 Une très belle coquille, nommée la *cedonulli*, celle-ci est d'un grand volume; ses couleurs sont très vives & son émail qui consiste dans l'épiderme est bien conservé; C.

262 Une prreille came plus petite, aussi brillante, les deux valves tiennent encore au nerf de la charniere; C.

263 Deux autres *cedonulli* de moyenne taille; l'une des deux a une variété que nous n'avons pas encore vue jusqu'à présent, & qui, peut-être, est particuliere aux rivages de Ceylan; son fond qui est très à découvert, est blanc de lait avec de

légeres rayures d'un brun foncé ; ces deux coquilles ſont bien conſervées, & la blanche tient encore au nerf de ſa charniere ; C.

264 Deux autres pareilles ; C.

265 Deux cames ſtriées avec des lignes noirâtres, ſur un fond gris ſale, une petite *cedonulli*, & quatre autres petites cames de différentes couleurs, que l'on nomme *gourgandines* ; C.

266 Une petite *cedonulli*, trois *cames* de couleurs différentes de l'eſpece pareille aux deux premieres du n°. précédent, & deux autres d'une eſpece différente, jaunâtres, avec des rayons bruns, & dans l'intervalle qu'ils laiſſent des petites lignes flamboyantes ; C.

267 Neuf cames de différentes eſpeces ; C.

268 Quatre cames de trois eſpeces différentes & toutes quatre de couleurs différentes ; C.

269 Cinq autres.

270 Deux cames ſtriées, l'une jaune avec des rayons de la même couleur plus foncée, l'autre dun gris ſale

avec de beaux rayons noirs : ces deux coquilles ſont parfaites ; C.

271 Trois coquilles, une *came* que l'on nomme *gourgandine*, elle eſt d'un blanc tirant ſur le jaune, avec deux rayons foiblement marqués ſur la tête, & deux autres cames que l'on peut mettre auſſi au rang des gourgandines, quoique d'une eſpece différente. Elles ſont toutes deux rayonnées de noir : ces deux dernieres coquilles ſont unies & portent en ſortant de la mer leur poli naturelle ; mais la premiere eſt couverte d'un épiderme très épais & de couleur jaunâtre qu'on enleve aiſément en laiſſant tremper la coquille dans l'eau.

272 Deux autres gourgandines pareilles à la premiere du n°. précédent, & une troiſieme de l'eſpece des deux autres. Cette coquille eſt chamarée de noir ſur un fond chamois, ce noir eſt naturel & il ne vient pas d'avoir ſéjourné dans la vaſe, puiſque le deſſein eſt régulier des deux côtés ; C.

Cette derniere coquille eſt une eſpece

neuve ; elle varie à l'infini de couleur & de dessein : celle-ci est marbrée de noir, une autre de jaune, une troisieme de bleu ; celle-ci est marbrée, une autre sera rajonnée régulièrement : enfin, ces cames sont si différentes entre elles qu'on peut en avoir plusieurs sans craindre de répétition. Il faudroit nommer cette charmante coquille. Ne pourroit-on pas ajouter au nom de l'espece celui de *jolie?* ou bien *la noire* à celles qui sont noires, la blonde à celles qui sont jaunes ; ainsi des autres couleurs. En attendant que le Public lui donne un nom, nous prions qu'on nous permette de la nommer tout simplement *la jolie.*

273 Deux autres cames qui viennent de la Chine, on colle dedans des papiers peints & qui représentent la même chose dans chaque valve. On prétend que ces coquilles ainsi préparées forment un jeu pour les dames Chinoises.

274 Deux *gourgandines*, une came fond blanc avec des lignes noires qui forment des arborisations, deux autres *cames* ; C.

275 Six cames, dont deux gourgandines brunes & rayonnées; C.

276 Cinq autres cames, parmi lesquelles est une *cedonulli.*

277 Six autres, d'un joli choix.

278 Deux cames que nous nommons la jolie, & ces deux coquilles sont vraiment jolies. L'une est rayonnée de jaune & de brun, & le tout est recouvert d'un point d'Hongrie noir; l'autre n'a qu'un seul rayon qui part de la tête, le reste de la coquille est chamaré de brun & de jaune; C.

279 Deux autres, *la jolie*, nous nous contenterons de nommer cette espece de coquille sans en faire la description du dessein & des couleurs: elles sont si variées que ce seroit entrer dans un détail ennuyeux à lire; C.

280 Deux autres un peu plus grosses; C.

281 Deux autres; C.

282 Trois autres cames, parmi lesquelles est une *cedonulli*, fond blanc; C.

283 Trois autres; C.

284 Trois autres ; C.

385 Trois autres ; C.

286 Deux cames très applaties, la tête au milieu ſans être tournée ſenſiblement à droite ou à gauche, chargées de ſtries très fines & toutes deux fond gris : l'une porte ſur ſon fond deux larges rayons brun-clair & marbrés, l'autre eſt chargée d'un *point d'Hongrie* brun ; C.

287 Deux autres cames différentes des deux du n°. précédent ; toutes deux de même eſpece & d'un deſſein à peu-près ſemblable. Cette coquille eſt plus renflée que celles du numéro précédent, ſa tête eſt tournée du côté oppoſé au nerf de ſa charniere : il part de ſa tête des ſtries qui forment des rayons divergents & qui s'éteignent vers le milieu du corps ; alors on voit d'autres ſtries qui marchent dans un ſens oppoſé, c'eſt-à-dire d'un des côtés de la coquille à l'autre : cette came ſeroit ſuſceptible de prendre un beau poli ; mais on s'eſt contenté de mettre une eau de gomme pour faire revivre les couleurs. Il eſt difficile de trouver deux

deux plus belles coquilles & quelques autres que nous présenterons ; C.

288 Trois autres cames, la premiere parente à celle du n°. 286, couverte d'un travail en *point d'Hongrie*, mais celle-ci est plus grande : les deux autres, d'une espece différente, sont partagées presque par la moitié en stries, qui partent des côtés, & d'autres stries qui viennent de la tête & descendent vers les bords en s'arrondissant un peu. Cette espece varie beaucoup pour le dessein. Ces deux *cames* sont marbrées de brun ; C.

289 Trois autres ; deux de l'espece des deux dernieres du n°. précédent, mais d'un beau dessein ; la troisieme est celle applatie & à tête droite du n°. 288 ; son dessein représente des flammes qui s'élancent ; C.

290 Trois cames des deux especes du n°. précédent ; C.

291 Deux *cames* plattes à tête droite : le dessein de ces deux coquilles est très different, elles sont de même grandeur. Une troisieme *came* pa-

reille aux deux dernieres du n°. 288 ; C.

292 Les trois mêmes que celles du n°. précédent, mais dont le dessein est très différent ; C.

293 Trois autres de deux especes différentes ; C.

294 Quatre autres de deux especes, les deux premieres pareilles à celles du n°. 287, & les deux autres à fortes stries mammelonnées du haut en bas, & d'autres stries dans un sens opposé du côté du nerf de la charniere ; C.

295 Cinq petites cames d'un joli choix ; C.

296 Cinq autres d'un volume plus grand, de trois especes différentes, riches en couleur ; C.

297 Cinq autres d'especes différentes ; C.

298 Cinq autres ; C.

299 Huit autres de trois especes différentes ; C.

300 Huit autres ; C.

301 Huit autres, parmi lesquelles sont deux petites *cedo-nulli* ; C.

302 Un *cœur* que l'on nomme *cœur en*

soufflet. Cette espece nous paroît encore toute neuve, parceque nous ne la connoissons gravée dans aucun Auteur; Au premier coup d'œil, il ressemble *au cœur en soufflet*: il a cependant un caractere très-distinctif d'espece & qui n'est certainement pas une variété, puisque tous ceux que nous présentons ont exactement le même caractere, qui est un renfoncement très profond, en forme de croissant, vers l'endroit où la tête de chaque valve se réunit. Pour distinguer ce cœur de celui avec lequel il a de la ressemblance, nous le nommerons *cœur en soufflet de la rare espece*; C.

303 La même coquille que celle du N°. précédent; C.

304 La même; C.

305 Le même *cœur*. Celui-ci a la tête un peu couleur de rose; C.

306 Le même; C.

307 Un autre *cœur*, que l'on nomme cœur en bec de flûte. Il est bien conservé & d'un gros volume pour son espece; C.

308 Un autre plus petit & un d'une

autre espece à fortes stries, fond blanc, marbré de taches brunes: cette espece n'est pas commune; C.

309 Dix-huit coquilles de moyenne grandeur; C.

310 Dix-sept autres d'especes différentes; C.

311 Un cœur d'un gros volume pour son espece, qui n'est pas commune, il porte de larges stries marbrées de taches brunes. Nous prévenons qu'il a été attaqué par la tête, qui cependant n'est pas percée; C.

312 Le même cœur bien conservé, mais moins gros, & deux cames guillochées, riches en couleur; C.

313 Trois autres cœurs, de trois especes différentes; C.

314 Douze autres; C.

315 Une came coupée en forme de *cœur*, blanche & avec un appendice sur les bords de sa coupure. On la nomme la *Came coupée* ou tronquée de Saint Domingue.

316 Un cœur voluté de la Méditerrannée, que l'on nomme *cœur de bœuf*, & quatre *cames* de trois especes différentes.

317 Un autre petit cœur de bœuf voluté; un *marron épineux* de St. Domingue & trois *rochers* de trois especes différentes, bien conservés.

318 Deux beaux cœurs de deux especes différentes, qui ne sont pas communes, & d'un gros volume pour leurs especes; C.

319 Deux autres pareils à ceux du N°. précédent, pour les especes, mais plus petits; C.

320 Quatre autres, trois des deux especes ci-dessus, le quatrieme blanc à larges stries cannelées; C.

321 Trois *cœurs* & trois *cames* de quatre especes différentes; C.

322 Deux *cœurs* à larges stries cannelées, un autre d'une espece différentes & peu commune; une came jaune en dedans, avec deux renfoncements sur le côté le plus prolongé; C.

323 Trois *cœurs*, trois *cames* de quatre especes différentes; C.

324 Deux *cames* guillochées de la plus riche couleur; C.

325 Deux autres *cames* de même espece que les deux précédentes, mais

plus petites ; deux autres ſtriées & une très petite *ce do-nulli* ; C.

326 Dix coquilles de ſix eſpeces différentes ; C.

327 Deux *cœurs* blancs à fortes ſtries cannelées, une came épaiſſe, la tête avec des rayons couleur de roſe. Deux autres preſque rondes, jaunes & unies ; C.

328 Douze autres coquilles en pendant, & de ſix eſpeces différentes, toutes bien conſervées ; C.

329 Neuf autres, de ſept eſpeces différentes, d'un joli choix ; C.

330 Douze *Cames* toutes en pendant de ſix eſpeces différentes & bien conſervées : C.

331 Onze autres *Cames* & *Cœurs* de ſix eſpeces différentes : C.

332 Dix neuf autres *Cames* & *Cœurs* : C.

333 Dix autres preſque tous *Cœurs* de différentes mers.

334 Trente-trois Coquilles moyennes d'un joli choix : C.

335 Vingt-ſept autres Coquilles de moyennes grandeur : C.

336 Une *Tuilée* & un *Marron* blanc épineux de Saint Domingue, d'un grand volume.

337 Une *Came guillochée* des grandes Indes, une *Rape* dont les feuilles sont bien conservées, une *Fraise*, un *Cœur* blanc à larges stries, & une *Came* striée d'un gris sale. Cette dernière Coquille vient des côtes d'Espagne & n'est pas commune.

338 Une *Tullée* & un *Bénitier* de Saint-Domingue.

339 Cinq *Peignes* tuilés, une *Rape*, une *Lime*. La même Coquille, mais dont les pointes sont beaucoup plus fines.

340 Six *Peignes* des côtes d'Espagne, quatre autres de Mahon, & un *Bénitier* de Saint-Domingue. Ces onze *Peignes* sont riches par leurs couleurs & leurs desseins.

341 Un autre *Peigne* d'un grand volume & d'une belle couleur jaune. On le nomme la *Coraline* & il vient de Saint-Domingue.

342 Douze autres Coquilles, *Moules*, Peignes & Cames.

343 Deux Huîtres épineuses de Malte d'un gros volume & bien conservées.

344 Quatre Huîtres des Indes Orientales, & deux autres petites, une de

Saint-Domingue & l'autre de Malte.

345 Deux petites Huîtres de Saint-Domingue que l'on nomme *Gâteau-feuilleté*. Elles sont violettes. Une autre aussi feuilletée, mais dont la tête est tournée à gauche. Cette espece est moins commune. Un *Cœur de Pigeon* marbré sur un fond blanc tirant sur le jaune, & un *Murex* blanc, la bouche couleur de chair, & dont les pointes sont conservées.

346 Quinze Huîtres, des Griphytes de différentes especes, des Huîtres plattes colorées, & trois qui paroissent se rapprocher beaucoup de l'espece de Saint-Domingue que l'on nomme *Gâteau-feuilleté*, mais dont les feuilles sont plus resserrées. Toutes ces différentes especes d'Huîtres viennent de Ceylan.

347 Une Huître allongée dont les dents sont en forme de scie & que l'on nomme communément la *Cuisse*. Elle est d'une belle nacre violette en dedans : on y a joint une moule appellée l'*Oiseau* ou l'*Hirondelle* ; une de ses deux valves est chargée de

Glands de mer, en dedans elle est d'un bel *orient*; C.

348 Une autre *Cuisse* & une *Hirondelle*, ces deux coquilles sont bien conservées; C.

349 Les deux mêmes Coquilles; C.

350 Deux Huîtres nommées la *Cuisse*. On les a réunies dans le même lot, à cause de leur différence; l'une est alongée, & l'autre est presque aussi large que longue, sans être mutilée; C.

351 Une *Cuisse* & un *Oiseau*; C.

352 Les mêmes coquilles; C.

353 Trois *Pintades* de différentes couleurs; C.

354 Cinq autres; C.

355 Trois autres d'un plus grand volume, de différentes couleurs,& deux *hirondelles*; C.

356 Quatre autres & deux *hirondelles*; C.

357 Les mêmes coquilles que celles du N° précédent; C.

358 Six *pintades* & une *hirondelle*; C.

359 Une *pintade* fond brun clair chargé de rayons blancs feuilletés, & deux huîtres du genre de celles

que l'on nomme *Gryphites* en forme de feuilles. Elles ſont de couleur différentes ; C.

360 Trois autres pareilles coquilles. La *pintade* eſt fond verd avec de larges rayons noirs bordés de blanc ; C.

361 Deux autres gryphites. Elles ſont toutes deux adhérentes à des moitiés de cames ; C.

362 Deux autres gryphites, une violette en forme de feuille ; C.

363 Deux autres en forme de feuille, & adhérentes toutes deux à deux branches de manglier ; C.

364 Trois autres ; une des trois reſſemble beaucoup pour ſa forme & ſa couleur à la coquille que l'on nomme *Pelure d'oignon* ; mais elle n'a pas par deſſous l'ouverture de la *pelure d'oignon*.

365 Trois autres ; C.

366 Trois autres ; C.

367 Quatre autres, dont deux grouppées enſemble ; C.

368 Trois autres, dont une attachée au manglier, & une hirondelle ; C.

369 Les mêmes coquilles ; C.

370 Deux coquilles fort rares jusqu'à

présent, dont il est parlé dans le Catalogue de la vente de M. Gallois, N° 1463. Elles se trouvent, comme on le dit dans ce Catalogue, au milieu des éponges où elles vivent, & leur rareté ne vient peut-être que de ce qu'on ne les remarque pas dans ces éponges. On a joint à ces deux coquilles, dont l'une est dépouillée, un morceau d'éponge qui contient encore de ces coquilles.

Dans le Catalogue que nous venons de citer, on met cette espece dans la famille des moules. Nous croyons qu'on devroit plutôt la mettre dans la famille des huîtres, puisqu'elle ne s'attache pas comme la moule avec des filaments, & que d'ailleurs sa charniere est à la tête comme dans les huîtres, & non pas sur le côté comme dans les moules. Cette coquille est gravée dans le cabinet de M. le Comte de Tessein, dans Renuphius & dans Lister.

371 Les deux mêmes coquilles & l'éponge; C.

372 Idem. C.

373 Idem. C.

374 Cinq coquilles; deux poulettes, autrement *annomies*, l'une de la Méditerranée & l'autre des Isles Malouines; deux buccins fluviatiles, & un autre petit buccin.

375 Un tiroir de coquilles d'especes différentes, qui seront détaillées pendant le cours de la vente.

376 Un autre.

377 Un autre.

378 Un autre.

OURSINS.

379 Un *Oursin* très rare, & qui est seul dans cette collection. Nous le regardons encore comme une espece neuve, par la même raison que nous avons déjà citée, qui est que nous ne le connoissons gravé dans aucun Auteur. Sa forme est oblongue; arrondi d'un côté, & beaucoup plus étroit par le côté alongé qui est celui où est l'ouverture par laquelle il se vuide. Il porte en dessus quatre rayons en forme de deux croissants adossés. Du côté de la partie ronde est un renfoncement, & proche ce renfon-

cement eſt l'ouverture de ſa bouche qui reſſemble à un croiſſant. D'ailleurs, deſſous & deſſus, ſur les côtés, il porte de petits mamelons auxquels les pointes ou bâtons étoient attachés. Sa figure nous l'a fait nommer *Tête de Chien* ; C.

380 Quatre *Ourſins* de trois eſpeces différentes, un de couleur grisâtre, avec cinq rayons par-deſſus & de forme ronde : nous l'avons entendu nommer la *Pomme*. Un autre applati, avec deux trous alongés vers la partie droite; car le reſte eſt preſque arrondi. Celui-ci porte ſes petites pointes qui ſont très fines, & par conſéquent très aiſées à ſe détacher. Les deux autres de même eſpece ſont toujours petits, preſque ronds & blancs. Ils portent leurs petites dents ; C.

381 L'*Ourſin* applati a deux longs trous avec ſes petites pointes, & les deux autres petits du Nº précédent ; C.

382 Quatre autres, les trois premiers pareils à ceux du Nº précédent. On y a ajouté un petit ourſin qui eſt ce-

pendant le plus gros de ceux de cette eſpece dans la collection. Il eſt de la forme de ceux que l'on nomme *Turban*, & porte cinq rayons guillochés. Il nous ſemble que cette eſpece n'eſt pas commune ; C.

383 Les quatre mêmes ourſins de l'article précédent ; C.

384 Deux *Ourſins* applatis avec les deux ouvertures longues ; le blanc preſque rond ; celui guilloché, & un cinquieme verd d'une autre eſpece ; C.

385 Les deux premiers *Ourſins* du N° précédent, deux blancs ; deux guillochés, la *pomme*, & un verd ; C.

386 Les mêmes ourſins que ceux du N°. précédent, excepté le dernier : en tout ſept ; C.

387 Sept autres pareils ; C.

388 Sept autres *Ourſins* pareils ; cependant parmi les deux de l'eſpece petits blancs, un des deux eſt couleur de roſe, ce qui n'eſt pas commun ; C.

389 Huit *Ourſins* de cinq eſpeces différentes ; un très gros de la Méditerranée, un autre auſſi d'un gros

volume de S. Domingue, les autres de Ceylan.

POLYPIERS.

390 Une boîte contenant quatre branches de corail articulé rouge, dont une bien conservée. On apperçoit sur la plus forte branche vers l'extrémité une petite grosseur : en l'examinant avec soin, on trouvera que c'est un petit *gland* recouvert de la matiere du corail. Il pourroit se faire que l'huître citée dans le Catalogue de la vente de M. Gallois, & le gland de mer que nous avons cité dans celui-ci, ne fussent recouverts que par le même suc du corail articulé rouge ; & dans ce cas, il resteroit encore très incertain que l'on trouvât du corail rouge dans l'Océan. Trois autres petits Polypiers, dont un très singulier ; C.

391 Une autre boîte contenant les mêmes objets. On trouvera aussi sur les branches de corail des glands de mer recouverts ; C.

392 Un tubulaire très singulier & peu

connu. Son tuyau n'eſt qu'une membrane blancKe, molle & flexible ſous les doigts. D'abord il n'a qu'une ſouche, en s'augmentant il pouſſe des branches à droite & à gauche. Cette marche nous l'a fait mettre au rang des Polipiers. On peut le regarder comme le paſſage des tuyaux ſimples à ceux qui ſont branchus, c'eſt-à-dire aux madrepores. Le même portant une éponge blanche, & un troiſieme avec une éponge noire ; C.

393 Les trois mêmes morceaux que ceux du N° précédent ; C.

394 Les trois mêmes morceaux. Un des trois porte un madrepore du genre des *Eſcaras* ; au haut & au bas on voit deux polypiers à feuilles preſque rondes ; C.

395 Idem.

396 Idem.

397 Deux grouppes de tubulaires bien différents de ceux des numeros ci-deſſus. Ces deux grouppes repréſentent deux familles très nombreuſes de petits tubulaires très-fins. Ces deux familles ſont d'une nature

bien différente; l'un des deux grouppes est dur & fragile; l'autre est flexible & mou. Celui qui est dur représente de petits faisceaux de tubulaires très distincts, quoique fins, partant d'une même base. Celui qui est flexible a la forme d'un bouquet composé de différentes branches, & où on distingue aussi tous les petits faisceaux de tubulaires. Ces deux grouppes éclairent sur la marche des animaux dans les madrepores & les éponges; on a rassemblé ces deux morceaux sous le même N.° afin qu'on en pût faire la comparaison; on y a joint une belle éponge tubulaire.

398 Trois morceaux pareils; C.

399 Deux éponges d'un grand volume, chacune montée sur un pied. L'une est brune & en forme d'entonnoir, avec une branche qui s'éleve du fond de l'entonnoir; l'autre jaunâtre, tubuleuse & percée de trous tout autour; C.

400 Plusieurs autres éponges d'especes différentes, dont plusieurs sont rares & forment un bel effet à la vue. Elles seront détaillées.

Insectes & Reptiles.

401 Plusieurs bouteilles contenant des serpents, des insectes, &c. qui seront détaillées.

402 Plusieurs autres objets, comme tortues de différentes especes, crabes, &c.

Lu & approuvé, ce 8 Mars 1781.
ROBIN.

Vu l'Approbation, permis d'imprimer ce 9 Mars 1781, LE NOIR.

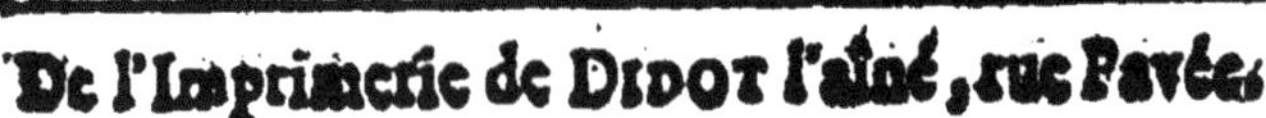

De l'Imprimerie de DIDOT l'aîné, rue Pavée.

www.ingramcontent.com/pod-product-compliance
Ingram Content Group UK Ltd.
Pitfield, Milton Keynes, MK11 3LW, UK
UKHW020353180726
13839UKWH00003B/1082

9 782329 322575